BEI GRIN MACHT SICH IHR WISSEN BEZAHLT

- Wir veröffentlichen Ihre Hausarbeit,
  Bachelor- und Masterarbeit

- Ihr eigenes eBook und Buch -
  weltweit in allen wichtigen Shops

- Verdienen Sie an jedem Verkauf

Jetzt bei www.GRIN.com hochladen
und kostenlos publizieren

Bibliografische Information der Deutschen Nationalbibliothek:

Die Deutsche Bibliothek verzeichnet diese Publikation in der Deutschen National-
bibliografie; detaillierte bibliografische Daten sind im Internet über http://dnb.d-
nb.de/ abrufbar.

Impressum:

Copyright © 2017 GRIN Verlag, Open Publishing GmbH
Druck und Bindung: Books on Demand GmbH, Norderstedt Germany
ISBN: 9783668575974

Dieses Buch bei GRIN:

https://www.grin.com/document/381075

Tim Lochschmidt

Die Auswirkungen des globalen Klimawandels auf den Weinbau

Adaptionsmaßnahmen und das Fallbeispiel England

GRIN Verlag

Hausarbeit zum Thema

„Globaler Klimawandel und die Verschiebung der Weinbaugrenze"

vorgelegt im Oberseminar

Mensch-Umwelt-Systeme

als Forschungsgegenstand der Geographie

Eingereicht von

Tim Lochschmidt

Köln, den 22.05.2017

Inhaltsverzeichnis

Abbildungsverzeichnis

Tabellenverzeichnis

Abkürzungsverzeichnis

DWD   Deutscher Wetterdienst

IPCC   Intergovernmental Panel on Climate Change

PIK   Potsdam Institut für Klimafolgenforschung

1   Einleitung

Der Weinbau ist wie kaum ein anderer Bereich der Agrarwirtschaft von den Auswirkungen des Klimawandels betroffen, da Weinreben auf kleinste Temperaturveränderungen äußerst empfindlich reagieren. Hinzu kommt, dass sich die Weinindustrie durch eine große Diversität an verschiedenen Rebsorten auszeichnet, welche allerdings jeweils nur in relativ kleinen klimatischen Nischen produziert werden können. Die Akteure des Weinbaus sind daher auf wissenschaftliche Erkenntnisse und Prognosen angewiesen, um rechtzeitig auf Klimaänderungen reagieren zu können. Die Aktualität und Relevanz des Themas lässt sich auch an der Zahl der Publikationen zum Thema Weinbau und Klimawandel erkennen, welche seit der Jahrtausendwende um den Faktor 10 gestiegen ist (MARX ET AL. 2017 : 1). In dieser Arbeit soll ein Überblick der Auswirkungen des globalen Klimawandels auf den Weinbau vermittelt werden mit einem räumlichen Fokus auf Europa. Folgende Fragestellungen dienen dabei als Orientierung:

Inwiefern beeinflusst der Globale Klimawandel den Weinbau hinsichtlich phänologischer, ökonomischer und ökologischer Aspekte?

Welche geographischen Verschiebungen des Weinbaus sind dadurch zu erwarten?

Welche Faktoren kommen bei der geographischen Verschiebung neben dem Klimawandel außerdem zum Tragen?

Zu Beginn der Arbeit werden in Kapitel 2 die klimatischen Voraussetzungen für den Anbau von Wein, insbesondere hinsichtlich des Wärmebedarfs der verschiedenen Rebsorten analysiert. Daraufhin werden die möglichen Anbauflächen aufgezeigt und mithilfe eines geschichtlichen Überblicks vermittelt, inwiefern Weinbaugrenzen verschiebbar sind. Das darauffolgende Kapitel beschäftigt sich mit den Auswirkungen des Klimawandels auf die Phänologie der Rebe und die Weinwirtschaft mit einem kurzen Exkurs zu sozio-ökologischen Auswirkungen. Im Anschluss wird die zu erwartende geographische Verschiebung der Weinbaugrenze anhand, der für Weinanbau zunehmend interessanten Regionen im Südosten Englands, verdeutlicht. Dabei werden sowohl klimatische, wirtschaftliche, als auch soziale Umstände aufgezeigt, um die komplexen Wechselwirkungen ebendieser deutlich zu machen.

Schon 1964 bezeichnete WIRTH (1964 : 428) den Weinbau als „Krone der geographischen Betrachtung". Nirgends sonst im Bereich der Agrargeographie seien „naturgeographische Gegebenheiten und menschliches Bemühen in einem so vielfältigen, subtilen Kontakt und in einer so sehr auf feinste Nuancen ansprechenden Wechselwirkung zu finden". In Anbetracht des globalen Klimawandels ist dieses Zitat heute aktueller denn je weshalb das Ziel der Arbeit grundlegend darin besteht, dass Thema „Weinbau und Klimawandel" als relevanten Forschungsgegenstand der Geographie im Bereich der Mensch-Umwelt-Beziehungen herauszustellen.

2 Geographie des Weinbaus

„Drinking wine is tasting the geography of the area from which a wine comes "

PERCY H. DOUGHERTY

Das französische Wort „*Terroir*" wird in der Literatur verstanden als Ausdruck, inwiefern Weine aus unterschiedlichen Gegenden, hinsichtlich ihres Aromas und Geschmackes aufgrund der jeweiligen vorherrschenden Bedingungen variieren (UNWIN 2012 : 47). BURNS (2012 : 96) benennt mit dem Einfluss der Rebsorte, den Bodeneigenschaften bzw. Geologie, der Physiographie, dem Bodenwasserhaushalt und dem Klima die fünf qualitätsprägenden Faktoren, welche zusammengenommen das „*Terroir*" eines Weines prägen. Obwohl sicherlich keiner dieser Faktoren vernachlässigt werden sollte, ist im Kontext des Klimawandels für diese Arbeit hauptsächlich das Klima von Interesse. Innerhalb dieses Kapitels soll ein kurzer Überblick über die klimatischen Voraussetzungen zur Kultivierung von Wein vermittelt werden, woraufhin die sich daraus ergebenden potentiellen Anbaugebiete aufgezeigt und in einen historischen Kontext gesetzt werden.

2.1 Klimatische Voraussetzungen

Verschiedenste Wetter- und Klimafaktoren wie Temperatur, Sonneneinstrahlung, Niederschlag, Wind, Extremwetterereignisse etc., üben großen Einfluss auf Weinanbaumöglichkeiten und die Weinqualität aus. Eine Aufarbeitung aller Faktoren ist im Rahmen der vorliegenden Hausarbeit leider nicht möglich, weshalb an dieser Stelle eine Konzentration auf die Temperatur, als den laut GLADSTONES (2007 : 5) und HANNAH ET AL. (2012 : 1) zentralen und relevantesten klimatischen Aspekt, erfolgt. Nur wenig durch andere Faktoren beeinflusst, entscheidet die Temperatur demnach als „treibende Kraft" über die

Phänologie der Weinreben. Die Weinrebe (*Vitis vinifera*) stellt, nach dem Potsdam Institut für Klimafolgenforschung (2007 : 91) gewisse Mindestanforderungen an ihre Umwelt, um gedeihen zu können. So ist ab einer jährlichen Durchschnittstemperatur von über 8 °C und einer Mindestanzahl von 180 frostfreien Tagen während der Vegetationsperiode das Wachstum der Pflanze prinzipiell möglich. Strenger Winterfrost mit Temperaturen von unter -20 – 25 °C wirken hingegen als stark limitierender Faktor. Tabelle 1 zeigt eine Übersicht der klimatischen Mindestanforderungen der Rebe. JONES ET AL (2012) weisen ergänzend dazu auf eine notwendige

Tabelle 1: Klimatische Anforderungen der Weinrebe (PIK 2007: 91)

Kriterium	Wertebereich
Sonnenscheindauer	> 1250 h
frostfreie Tage pro Vegetationsperiode	> 180 d
Durchschnittstemperatur	
gesamt	> 8°C besser 9°C
Winter	um 0°C
Sommer	um 20°C
optimale Durchschnittstemperatur	
Weisswein	9,5°C – 11,5°C
Rotwein	10,5°C – 13,0°C
Tolerable Grenzwerte	
Wintertemperatur	-15°C bis –25°C
Sommertemperatur	ca. 45°C
Niederschlag	
-minimal	300 mm
-optimal	420 mm
-maximal	700 mm

Temperatur während der Vegetationsperiode hin. Die Kultivierung von Wein ist demnach nur bei einer durchschnittlichen Temperatur von 12 °C bis 22 °C während der Monate April bis September (in nördlicher Hemisphäre) möglich. Wie Abbildung 1 deutlich zeigt, unterscheidet sich jedoch die, nach dieser Regel potentielle in Betracht kommende Anbaufläche, erheblich von den tatsächlichen Anbaugebieten. Gründe dafür sind meist regionale limitierende Faktoren wie Spät- oder Frühfrost, zu kurze Vegetationsperioden oder schlechte Wasserverfügbarkeit, welche einen Großteil der Gebiete ausschließen, welche prinzipiell oben genannte Durchschnittstemperaturen aufweisen. Ausnahmen bestehen andererseits auch in Form von einigen wenigen Weinanbaugebieten z.B. in Brasilien oder den USA, in welchen trotz wärmerer Temperaturen mithilfe besonderer Anbaumethoden (z.B. Bewässerung, zwei Ernten pro Jahr, etc.) Weinbau betrieben werden kann (JONES ET AL. 2012 : 114ff).

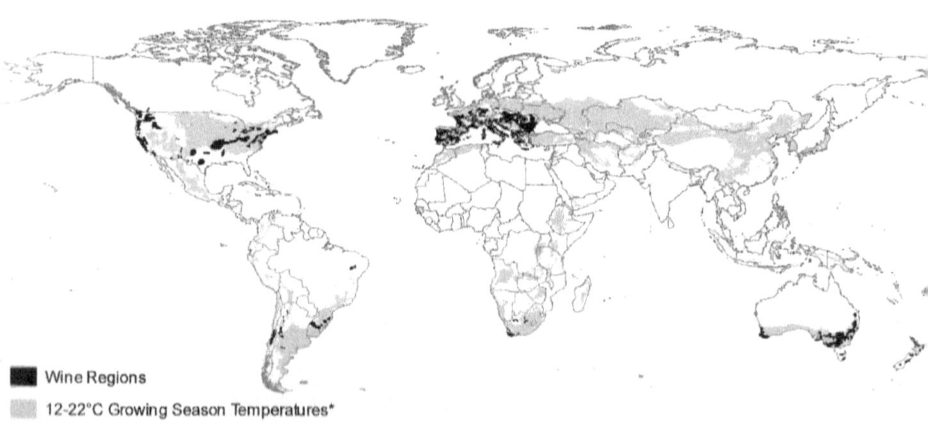

Abbildung 2: Regionen mit einer Durchschnittstemperatur während der Vegetationsperiode von 12 – 22°C im Vergleich zu den tatsächlichen globalen Anbaugebieten (JONES ET AL. 2012 : 114)

Innerhalb dieser klimatischen Mindestvoraussetzungen gedeihen die verschiedenen Rebsorten wiederum nur unter bestimmten Temperaturen ideal. Es existieren verschiedene Berechnungsmethoden, um die Anbaueignung der verschiedenen Sorten über einen längeren Zeitraum abzuschätzen. Der wohl populärste und zumindest im europäischen Raum weitverbreitetste Index wurde 1986 von HUGLIN entwickelt. Dabei handelt es sich um einen Wärmesummenindex welcher anhand der Summe der Tagesmitteltemperatur und dem Temperaturmaximum abzüglich einer Basistemperatur von 10°C vom 1. April – 30. September (für die Nordhemisphäre) die Anbaueignung berechnet. Zusätzlich fließt die geographische Breite in Form eines Parameterwerts in die Berechnung mit ein (Formel siehe Anhang B1)(DWD, 2017). Hohe Indizes zeigen dabei günstige Verhältnisse für thermisch anspruchsvolle Rebsorten an, wobei weniger anspruchsvollen Sorten eingeschlossen sind (Ministerium für Umwelt, Energie, Ernährung und Forsten Rheinland Pfalz 2017). Abbildung 2 zeigt eine Übersicht des Wärmebedarfs verschiedener Rebsorten nach dem Huglin-Index.

Huglin-Index H	Farbcode	Ausgewählte anbauwürdige Rebsorten
H ≤ 1500		kein Anbau empfohlen
1500 < H ≤ 1600		Müller-Thurgau
1600 < H ≤ 1700		Weißer Burgunder, Gamay noir
1700 < H ≤ 1800		Riesling, Chardonnay, Sauvignon blanc, Spätburgunder
1800 < H ≤ 1900		Cabernet franc
1900 < H ≤ 2000		Chinon blanc, Cabernet sauvignon, Merlot
2000 < H ≤ 2100		Ugni blanc
2100 < H ≤ 2200		Grenache noir, Syrah
2200 < H ≤ 2300		Carignan
2300 < H ≤ 2400		Aramon

Abbildung 2: Huglin-Indizes für wichtige Rebsorten (PIK 2007 : 92)

Der Huglin-Index ist insofern von Interesse, da er zeigt, dass schon kleine Temperaturänderungen um wenige Grad Celsius den Anbau einer bestimmten Rebsorte ermöglichen oder auch behindern können und somit anschaulich die Klimasensitivität der Weinrebe darstellt. Beispielsweise wächst die Sorte Cabernet Sauvignon in Regionen welche eine Durchschnittstemperatur von etwa 16,8 °C bis 20,2 °C während der Vegetationsperiode aufweisen, während Spätburgunder normalerweise im kühleren Temperaturbereich von 14 °C bis 16 °C angebaut wird (JONES ET AL., 2012 : 123).

2.2 Weinbaugrenze

Zieht man die obigen klimatischen Voraussetzungen in Betracht, lassen sich gewisse potentielle Anbauflächen, sowohl für Weinbau im Allgemeinen, als auch spezifisch für jede Rebsorte erkennen während andere Regionen ausschließbar sind. Die Definition einer tatsächlichen Weinbaugrenze gestaltet sich jedoch schwieriger. WEBER (1980 : 74) spricht daher in Bezug auf die nördliche Hemisphäre vielmehr von einer „Kette einzelner Weinbauinseln mit verschieden großen Gliedern und Zwischenräumen, deren Entfernung und Größe sowohl von physischen als auch anthropogenen Gesichtspunkten bestimmt werden".

Die bestgeeigneten Anbauflächen für Wein liegen seit Beginn der Kultivierung in Zonen des mediterranen Klimas (CSa und CSb nach der Köppen Klimazonenklassifikation) (DOUGHERTY, 2012b : 7). Im mittelalterlich Klimaoptimum, vor Beginn der Hauptphase der so genannten „kleinen Eiszeit" Ende des 16. Jahrhunderts, wurde Weinbau jedoch schon einmal bis zum 53. nördlichen Breitengrad praktiziert. Mittelalterliche Weinstöcke in Norddeutschland, England und im heutigem Polen stellten zu dieser Zeit keine Seltenheit dar (LAMB 1982 : 170), auch wenn vermutlich nicht nur die klimatische günstigen Umständen für den weitverbreiteten Anbau verantwortlich waren, sondern auch niedrigere Qualitätsanforderungen und andere wirtschaftliche Umstände eine Rolle spielten (EITZINGER ET AL. 2009 : 206). Aufgrund folgender harter Winter mit starkem Winterfrost und diverser anthropogener Faktoren (Bsp.

schlechte Handelswege, 30-jähriger Krieg) wurden viele Anbaugebiete in Zentraleuropa in der Folge jedoch wieder aufgegeben und die damalige, vorerst maximale Ausdehnung des Weinbaus in Europa zog sich zurück (WEBER 1980 : 85ff).

Lange Zeit galt seitdem die Annahme, dass auf der Nordhalbkugel Rebflächen für Qualitätsweinanbau nur innerhalb des 40. und 50. Breitengrades und auf der Südhalbkugel zwischen dem 30. und 40. Breitengrades zu finden seien. Diese Bereiche werden gemeinhin auch als Weltrebengürtel bezeichnet (PRIEWE 2017), auf welchen sich der globale Weinbau nach wie vor räumlich konzentriert, wie sich anhand aktueller Ranglisten der wichtigsten weinproduzierenden Länder feststellen lässt (DOUGHERTY 2012b : 8). Die natürlichen Anbaugrenzen werden jedoch seit einiger Zeit durch Kultivierung kälteresistenterer Sorten polwärts und durch intensive Bewässerungsmethoden in aride Steppen- und Wüstengebiete zunehmend ausgedehnt (DOUGHERTY 2012b : 7). Das Produktionsvolumen einzelner Winzer z.B. in Skandinavien oder auf der Insel Usedom spielt aktuell jedoch noch eine untergeordnete Rolle, da diese in der Regel nur für den lokalen Markt produzieren (EITZINGER et al. 2009 : 206).

3   Auswirkungen des Globalen Klimawandels auf den Weinbau

Unter dem Begriff „Klimawandel" werden in dieser Arbeit, nach der Definition des Intergovernmental Panel on Climate Change (IPCC) (2007 : 14), „alle möglichen Prozesse" verstanden, „welche Klimaschwankungen oder Klimaänderungen hervorrufen können". Das Hauptaugenmerk der Arbeit liegt dabei auf der globalen Temperaturveränderung, weshalb auch der Begriff der „globalen Erwärmung", welcher nicht gleichzusetzen, sondern vielmehr Teil des Klimawandels ist, im Lauf des Textes Verwendung findet.

Die globale Durchschnittstemperatur ist seit dem Jahre 1880 bis 2012 um 0,85°C gestiegen. Gleichzeitig haben die durch den Menschen verursachten Treibhausgasemissionen seit der vorindustriellen Zeit, angetrieben durch ökonomisches Wachstum und Bevölkerungszuwachs stark zugenommen. Als Folge besteht heute in der Atmosphäre die höchste Konzentration an Treibhausgasen wie Kohlenstoffdioxid, Methan, und Stickoxiden seit mindestens 800.000 Jahren (KOVATS ET AL. 2014 : 2ff). Von 1950 – 1999 ist die Durchschnittstemperatur während der Vegetationsperiode in den globalen Weinregionen, in welchen Qualitätswein produziert wird, um durchschnittlich 1,26 °C gestiegen (JONES ET AL. 2005 : 340). Von diesem Temperaturanstieg hat die Weinindustrie jedoch aufgrund besserer Qualität und höherer Erträge bisher insgesamt profitiert, weshalb sie auch hin und wieder als Beispiel für einen Gewinner des Klimawandels herangezogen wird (GALBREATH 2011 : 424). JONES ET AL. (2012 : 127) stellen jedoch klar, dass sich die meisten Weinregionen weltweit zur Zeit in ihrem jeweiligen Klimaoptimum oder zumindest nicht weit davon entfernt befinden. Ein weiterer Temperaturanstieg würde demnach viele Regionen aus ihrem theoretisch optimalen Temperaturfenster während der Vegetationsperiode bewegen und könnte die positive Entwicklung umkehren.

Mithilfe von komplexen Klimamodellen kann das historische Klima simuliert werden, weshalb diese auch zur Berechnung des zukünftigen Klimas eingesetzt werden. Klimamodelle werden dafür mit Annahmen in Form von Daten zu „Was-wäre-wenn"-Szenarien gefüttert, um Erkenntnisse über die Herausforderungen und notwendigen Anpassungsmaßnahmen hinsichtlich eines sich wandelnden Klimas zu gewinnen. Je nach Annahme, inwiefern sich zum Beispiel Emissionen zukünftig reduzieren oder steigern oder welche Rolle Rückkopplungseffekten zugesprochen wird, können sich die Prognosen dabei deutlich unterscheiden. Der aktuellste fünfte Sachstandsbericht des Weltklimarats nutzt sogenannte RCPs-Szenarien (Representative Concentration Pathways – Repräsentative Konzentrationspfade), als Grundlage für Prognosen und Handlungsempfehlungen. Die prognostizierte durchschnittliche globale Erwärmung bis zum Ende des Jahrhunderts reicht dabei je nach Szenario von rund 1,5°C bis > 5°C im Vergleich zur vorindustriellen Zeit (KOVATS 2014 : 63).

Bezogen auf den Weinbau wird laut dem IPCC der Klimawandel in Europa die geographische Verteilung der angebauten Rebsorten verändern („high confidence"), womit eine Minderung des Wertes der

Weinprodukte und der Einkommen in Weingebieten in Süd- und Kontinentaleuropa („medium confidence") und ein Produktionszuwachs in Nordeuropa einhergeht („low confidence"). VALENTINI ET AL. (2015 : 1292) konkretisieren die räumliche Veränderung und prognostizieren eine Verschiebung der Anbauflächen in Richtung der Küsten, nordwärts (Nordhemisphäre) und südwärts (Südhemisphäre) sowie in höhere Lagen. In einer älteren Arbeit nennt SCHULTZ (2005 : 37) sogar konkrete Distanzen. Die potentiell möglichen Anbaugrenzen in Europa könnten sich demnach um 200 bis 400 km nordwärts und um 100 bis 150 m in die Höhe verschieben. EITZINGER ET AL. (2009 : 214) sprechen gar von einer möglichen Höhenverlagerung um 200 – 400 Höhenmeter. Im Folgenden sollen die Hintergründe dieser Aussagen anhand einer Betrachtung einiger der wichtigsten phänologischen, ökonomischen und ökologischen Auswirkungen genauer untersucht werden.

3.1 Phänologische Auswirkungen

Die wichtigsten phänologischen Entwicklungsstadien der Weinrebe, weiche durch Klimaveränderungen beeinflusst werden sind Austriebzeitpunkt, Blühbeginn, Blühende, Reifebeginn und Lesereife (SCHULTZ ET AL. 2005 : 10). Stetig steigende Temperaturen lassen schon jetzt eine schneller ablaufende phänologische Entwicklung erkennen, welche zusätzlich früher im Jahr beginnt. EITZINGER ET AL. (2009 : 202) registrierten einen früheren Eintritt all dieser Entwicklungsphasen um 10 – 20 Tage im

Abbildung 3: Zukünftige Entwicklung des Mostgewichtes (in °Oechsle) und der Äpfelsäure (g/l) an den Standorten Geisenheim und Gernsheim (EITZINGER ET AL. 2009 : 205)

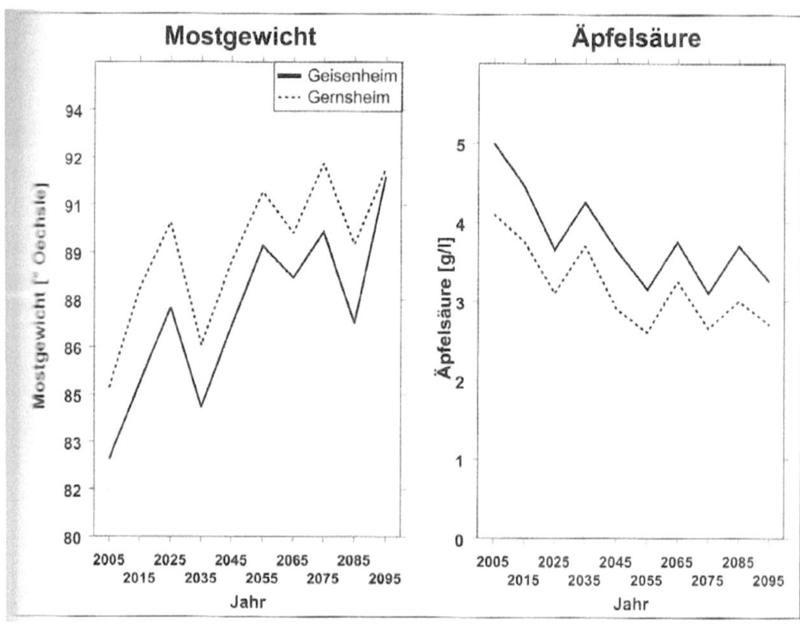

Vergleich zu den vorhergegangenen zwei Jahrzehnten und sprechen von einem langjährigen Trend zur Verfrühung der Lesereife und der Lesetermine. Den Autoren zufolge begann beispielsweise der Austrieb der Rebsorte Riesling bereits fünf Tage früher als im Durchschnitt der vorherigen 40 Jahre und wird zukünftig wohl noch früher stattfinden. Weiterhin verkürzt sich auch die Dauer der einzelnen Entwicklungsphasen. Zieht man alle Sorten und Regionen in Betracht, reagierte die Phänologie der Weinrebe über die letzten 30 – 50 Jahre mit einer Verschiebung der Entwicklung von 3 – 6 Tagen pro 1 °C Temperaturanstieg (JONES ET AL. 2012 : 125). Ein veränderter Blühtermin wirkt sich auf das Mostgewicht als Indikator für den Zuckergehalt der Weintraube aus, welcher früher und wahrscheinlich insgesamt höher steigen wird. Der Säuregehalt nimmt dagegen früher ab und ein höherer natürlicher Alkoholgehalt des Weines ist die Folge. Abbildung 3 zeigt die prognostizierte Entwicklung des Mostgewichts und der Äpfelsäure bis zum Jahre 2095 an den Standorten Geisenheim und Gernsheim. Im Elsass produzierter Riesling wies beispielsweise innerhalb der Jahre 1975 – 2005 einen Anstieg des Alkoholgehaltes um 2,5 Prozent auf, was mit signifikant wärmeren Temperaturen während der Reifephase korreliert (JONES ET AL., 2012 : 129; SCHULTZ ET AL., 2005 : 41). Steigende Temperaturen wirken sich ebenfalls auf den Wasserhaushalt der Pflanze aus. Laut EITZINGER ET AL. (2009 : 215) ist aufgrund eines zukünftig höheren Sättigungsdefizit der Luft auch mit einer potentiell höheren Verdunstung zu rechnen. Allerdings würde mit einem höheren CO_2-Gehalt in der Atmosphäre auch die Wassernutzungseffizienz der Pflanze steigen wodurch die Rebe weniger Wasser benötige.

Die Folgen einer solchen Auswirkungen der phänologischen Prozesse sind vielfältig. Insgesamt wird erwartet, dass wärmere und trockenere Vegetationsperioden in den nördlichen Breitengraden zu besserer Qualität der Weintrauben führen (ASHENFELTER UND STORCH 2010 : 57). Auch die Erträge werden, wie

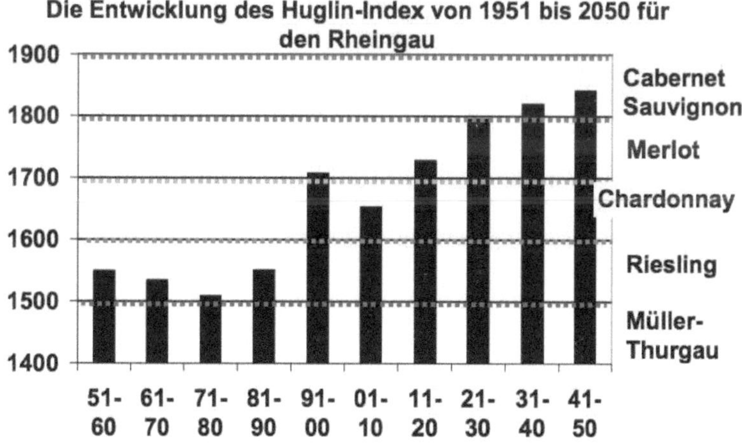

Abbildung 4:   Bisherige und zukünftige Entwicklung des Huglin Index am Standort Rheingau
(SCHULTZ ET AL., 2005 : 33)

schon in den vorangegangenen 50 Jahren, in kühleren Lagen im Durchschnitt steigen (EITZINGER ET AL. 2009 : 206). Spätestens ab der zweiten Jahrhunderthälfte wird durch eine verlängerte Vegetationsperiode und höhere Temperaturen eine Veränderung des Rebsortenspiegels prognostiziert. Abbildung 4 zeigt zur Verdeutlichung die bisherige und potentielle Entwicklung des Huglin Index im Rheingau und lässt darauf schließen, dass auch Weine wie Merlot oder Cabernet Sauvignon zukünftig auf dortigen Weinbergen angebaut werden können. Im Anhang befindet sich eine weitere Karte, welche die Entwicklung des Huglin-Index über verschiedene Zeiträume in Europa darstellt und damit einen Einblick in die zukünftige Entwicklung der Anbauflächen bietet (siehe Anhang B2).

Ein aktuell viel diskutiertes Problem ist die zunehmende Ausbreitung verschiedener Rebschädlinge nach Norden, welche durch Veränderung im Klima mitbegünstigt wurde und zukünftig ein ernstes Problem darstellen wird. Beispiele nennt SCHULTZ ET AL (2005 : 41) in Form von Zikaden, Esca, Eutypia oder Schwarzfäule. Die Anfälligkeit gegenüber solcher Schädlinge und anderer pilzlicher und bakterieller Krankheitserreger wird durch die globale Erwärmung begünstigt (EITZINGER ET AL. 2009 : 216).

3.2   Ökonomische Auswirkungen

Wie bisher im Lauf der Arbeit erläutert wirkt sich der Klimawandel auf die Qualität der Weine aus. Im Umkehrschluss zieht dies auch mögliche Änderungen hinsichtlich der Weinerträge, -preise und –gewinne nach sich. Klimaprognosen sind daher für Akteure der Weinwirtschaft von besonderer Bedeutung, da Weinreben mehrjährig sind, eine produktive Lebenserwartung von mehr als 25 Jahren haben und die erste volle Ernte erst nach etwa sechs Jahren erreicht wird. Investitionen sind daher im Vergleich zu anderen Agrarprodukten, langfristig zu sehen und sollten dementsprechend möglichst nachhaltig getätigt werden (STORCHMANN 2013 : 13). Studien zu den wirtschaftlichen Effekten existieren aktuell vornehmlich hinsichtlich einzelner Regionen, einige allgemeine Aussagen lassen sich dennoch treffen.

Je nach Lage des Weinguts gehen aus ökonomischer Sicht sowohl Gewinner als auch Verlierer aus dem Prozess des Klimawandels hervor. Regionen in Deutschland oder Nordfrankreich, welche sich am nördlichen Rande des professionellen Weinbaus befinden, werden voraussichtlich finanziell gestärkt werden. Grundlegend dafür ist ein höherer Reifegrad, welcher sich in einem Qualitätsgewinn wiederspiegelt und höhere finanzielle Erträge erwarten lässt. So könnte sich Berechnungen zufolge der Wert der Weingüter im Anbaugebiet Mosel bei einem Temperaturanstieg um 3 °C verdoppeln. Selbst ein moderater Anstieg um 1 °C hätte laut ASHENFELTER und STORCHMANN (2010 : 63) eine Wertsteigerung von 30 Prozent zur Folge. Andererseits wird der Weinbau in äquatornahen Regionen wie Spanien, Kalifornien oder Süd-Australien, zunehmend Problemen ausgesetzt sein (ASHENFELTER & STORCHMANN 2010 : 63; STORCHMANN 2013: 37). Vor allem der Verlust geeigneter Anbauflächen lässt hier hohe wirtschaftliche Verluste erwarten. MORIONDO ET AL. (2011 : 564) befassen sich in ihrer Studie mit den zukünftigen Entwicklungen der italienischen Weinwirtschaft und berechneten für die Jahre 2006 - 2099 einen potentiellen monetären Gesamtverlust von rund 490 Millionen Euro.

STORCHMANN (2013 : 38) weist jedoch auch daraufhin, dass Berechnungen oftmals unzureichend sind, da sie dazu neigen, zum einen den „interdependenten Zusammenhang zwischen Quantität, Qualität und Preis" zu vernachlässigen und zum anderen die Anpassungsfähigkeit der Weinproduzenten zu unter-, und damit die wetter- und klimainduzierten Effekte zu überschätzen. Weitgehend unbekannt seien darüber hinaus die ökonomischen Auswirkungen häufiger auftretender Extremwetterereignisse im Zuge des Klimawandels, da sich die meisten Studien bisher hauptsächlich mit dem Einfluss der Durchschnittstemperaturen befassen.

3.3 Ökologische Auswirkungen

Der globale Klimawandel wirkt sich zum einen direkt auf Ökosysteme aus, etwa durch einen steigenden Meeresspiegel, als auch indirekt, wie zum Beispiel durch eine veränderte Landnutzung der Menschen. In Bezug auf den Weinbau ist Letzteres als mögliche Adaptionsmaßnahmen der Winzer (siehe Kapitel 4) für mögliche ökologische Auswirkungen verantwortlich. Durch die Neuerschließung von potentiellen Anbauflächen für den Weinbau, beispielsweise in höheren Lagen oder in nördlicheren Regionen, droht der Verlust von Naturlandschaften verbunden mit einem Eingriff in das lokale Ökosystem. Steigender Wasserstress auf Weinreben veranlasst viele Winzer außerdem zum Einsatz extensiver Bewässerungsmethoden, welche sich unter Umständen negativ auf den Wasserhaushalt einer Region Auswirkungen können (HANNA ET AL. 2013 : 6907). Als Beispiel nennen HANNA ET AL. (2013 : 6910) China, was zu den Ländern mit dem am schnellsten wachsenden Produktionsvolumen an Wein gehört und große potentielle Anbauflächen besitzt. Letztere beheimaten jedoch den unter Artenschutz stehenden Riesenpanda, wodurch ein Konfliktpotential entstünde. Zukünftige Naturschutzvorhaben sollten daher die geographische Verschiebung des Weinbaus ernst nehmen und als Bedrohung für natürliche Habitate erkennen.

Eine sozio-ökologische Auswirkung benennen ESSL und RABITSCH (2013 : 209), da sie den Verlust von Kulturlandschaft erwarten. Als Beispiel dient die auch in Deutschland übliche Anbauform auf Hanglagen. Weinberge dieser Art prägen ganze Regionen und verleihen beispielsweise dem Rheintal eine einzigartige Identität. Aufgrund der höheren Temperaturen könnte diese Bewirtschaftungsform durch ein Ausweichen auf flacheres Gelände mit geringerer Sonneneinstrahlung aufgegeben werden.

4   Adaptionsmaßnahmen

Adaptionsmaßnahmen an den Klimawandel werden vom IPCC definiert als „Initiativen und Maßnahmen, um die Empfindlichkeit natürlicher und menschlicher Systeme gegenüber tatsächlichen oder erwarteten Auswirkungen der Klimaänderung zu verringern" (KOVATS ET AL. 2014 : 19). Im Weinbau bietet sich durch Adaptionsmaßnamen die Möglichkeit, negative Effekte des Klimawandels zu minimieren und andererseits aufkommende Potentiale auszuschöpfen. Die Winzer können unten beschriebene Adaptionsmaßnahmen in der Regel selbstständig durchführen. BATTAGLINI ET AL. (2009 : 72) weisen jedoch darauf hin, dass sie bei der Entscheidungsfindung auf einen Zugang zu Informationen angewiesen sind und durch zielgerichtete Forschung zu Klimawandelauswirkungen unterstützt werden müssen.

Wie in Abbildung 5 dargestellt, lassen sich die möglichen Adaptionsmaßnahmen im Hinblick auf ihre zeitliche Dimension klassifizieren (BARDAJI & IRAIZOZ, 2015 : 82). Winzer tendieren den Autoren zufolge dazu vorerst kurzfristige und kostengünstigen Maßnahmen anzuwenden, bevor längerfristige, oft mit Fremdkapital finanzierte, Maßnahmen ins Blickfeld rücken. Im Folgenden sollen kurz die wichtigsten Beispiele genannt werden.

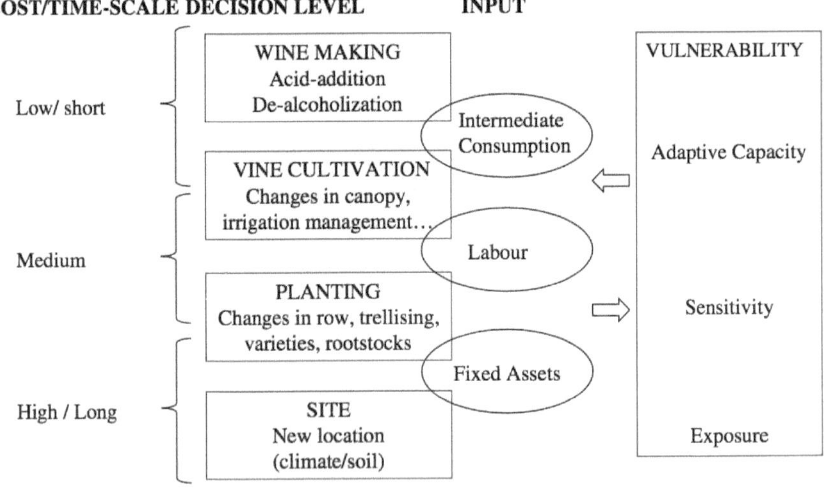

Abbildung 5:   Mögliche Handlungsfelder der Adaptionsmaßnahmen an den Klimawandel unter den Dimensionen Zeit und Kosten sowie im Hinblick auf den Faktor Vulnerabilität (BARDAJI & IRAIZOZ, 2015 : 82).

Weinherstellung

Kurzfristig sind kostengünstige Maßnahmen bei der Weinherstellung durchführbar, um mit einem höheren Mostgewicht und Alkoholgehalt der Weine umzugehen. Der Einsatz von säurehaltigen Zusätzen und eine Reduzierung des Alkoholgehaltes sind Möglichkeiten in begrenztem Maße noch nach der Ernte auf das Endergebnis einzuwirken und werden schon aktuell vermehrt eingesetzt (Wissenschaftliche Dienste des Deutschen Bundestages, 2016 : 18).

Bewirtschaftung der Weinreben

Auch die Bewirtschaftung der Weinreben lässt sich kurz- bzw. mittelfristig anpassen. Arbeiten wie Rebschnitt, Spritzungen oder die Traubenernte werden in der Regel den klimatischen Umständen angepasst. In Anbetracht der oben genannten früher eintretenden Reifezeitpunkte bietet sich dementsprechend eine frühere Durchführung der Weinlese an (STORCHMANN, 2013 : 34). Technische Maßnahmen umfassen beispielsweise Beschattung oder Bewässerung der Reben während der Vegetationsperiode.

Pflanzung

Obige Maßnahmen sind vergleichsweise günstig und zeitnah zu verwirklichen im Gegensatz zu Adaptionsmöglichkeiten bei der Pflanzung. In Anbetracht der großen Bandbreite an Rebsorten mit unterschiedlichen klimatischen Anforderungen und angesichts der, in Kapitel 3.1 beschriebene Veränderung des Rebsortenspiegels, ist ein Wechsel der Rebsorte die wohl offensichtlichste Adaptionsmaßnahme im Weinbau (BATTAGLINI ET AL. 2009 : 70). Das Substitutionspotential ist dabei umso größer je niedriger der Wärmesummenindex einer Region in der Ausgangssituation ist (zum Beispiel anhand des Huglin-Index siehe Tabelle 2). Länder wie Griechenland hingegen, welche sich schon aktuell am oberen Temperaturbereich befinden, stehen kaum Substitutionsmöglichkeiten mehr zur Verfügung, weshalb dort schon jetzt ein Großteil der Traubenproduktion zu Rosinen statt Wein verarbeitet wird (STORCHMANN 2013 : 32). Hinderlich bei der oben angesprochenen Adaptionsstrategie ist außerdem die Einzigartigkeit des jeweiligen „Terroirs". Rechtliche Rahmenbedingungen von Organen wie der französischen AOC (Appellation d'Originel Controlee) oder der italienischen DOC (Denominazione die Origine Controllata) schreiben oftmals vor, welche Rebsorten an welcher Stelle angebaut werden dürfen. Eine flexible Gestaltung des Anbaus ist somit nur bedingt gewährleistet (WHITE ET AL., 2009 : 84). METZGER (2011 : 2) stellt außerdem infrage, inwiefern ein Rebsortenwechsel einer Region vom Konsumenten akzeptiert werden würde, da üblicherweise mit jeder Region eine bestimmte Rebsorte assoziiert werde. Bevor der Wechsel zu einer anderen Rebsorte angestrebt wird ist daher vorerst auch eine Änderung der Anbaumethode denkbar. So können die Beeren beispielsweise durch eine veränderte Reihenorientierung von Nord-Süd nach Ost-West vor direkter Sonnenstrahlung und drohendem Sonnenbrand geschützt werden (STORCHMANN 2013 : 37).

Wechsel der Anbaufläche

Die kosten- und zeitintensivste Maßnahme wird schließlich durch einen Wechsel der Anbaufläche beschrieben, wodurch eine Art Flucht vor den Auswirkungen des Klimawandels bezweckt wird. Dabei wird auch die geographische Verschiebung des Weinbaus, mit den zu befürchtenden ökologische Auswirkungen (siehe Kapitel 3.3), endgültig sichtbar. Limitiert wurde diese Möglichkeit bisher vor allen Dingen durch strenge rechtliche Vorgaben der Europäischen Union, durch welche Neupflanzungen bis Ende 2015 stark reguliert wurden. Eine Abschaffung dieser Pflanzungsrechtregelung erlaubt allerdings seit Anfang 2016 restriktionslos Neuanpflanzungen in allen Mitgliedstaaten der EU und vereinfacht damit diese Maßnahme (STORCHMANN ET AL. : 2013 : 36).

5 Fallbeispiel England

Wie in Kapitel 2.1 kurz angedeutet, spielte der Weinbau historisch auch in England eine beachtliche Rolle, bevor er auf der Insel im 16. Jahrhundert schließlich fast gänzlich zum Erliegen kam. Von einzelnen, nicht kommerziell betriebenen Weingütern abgesehen, begann erst nach dem zweiten Weltkrieg die jüngste Phase des Weinbaus und der Weinproduktion in der englischen Geschichte, welche seit nunmehr sechs Jahrzehnten anhält (CLOUT, 2013 : 14). CLOUT spricht von einer „Renaissance des Weinbaus" die sich an einer Vergrößerung sowohl der Anbaufläche, als auch der geographischen Verteilung in England zwischen den Jahren 1950 bis 1993 festmachen lässt. In den folgenden Jahren bis 2004 nahm, die für den Weinbau genutzte Fläche, aus einer Vielzahl an Gründen (falsche Wahl der Rebsorten, schlechte Erntequalität, hoher Kostenaufwand, internationaler Wettbewerb, etc.) jedoch wieder um 29 % ab (NESBITT ET AL. 2016 : 1). Wie sich der Tabelle 2, nach Daten der Food Standard Agency (2017), entnehmen lässt, hat sich die Anbaufläche seitdem von 722 ha auf 1839 ha im Jahr 2015 vergrößert, auch wenn das Produktionsvolumen nicht linear dazu anstieg. Im internationalen Vergleich spielt der englische Weinbau damit nach wie vor zwar keine bedeutende Rolle, es stellt sich jedoch die Frage inwiefern der Klimawandel diese Entwicklung zukünftig verstärken und damit die geographische Verschiebung des Weinbaus vorantreiben wird. HANNAH ET AL. (2013 : 6910) machen einen Vorschlag welche Faktoren, zusätzlich zu steigenden Temperaturen bei diesem Prozess als Treiber angesehen werden können:

Tabelle 2: Produktionsvolumen und Anbaufläche in England seit 2004 (FOOD STANDARDS AGENCY, 2017)

Jahr	Produktionsvolumen in Hektolitern	Anbaufläche in Hektar
2015	38020	1839
2014	48267	1506
2013	33384	1375
2012	7751	1297
2011	22659	1208
2010	30346	1095
2009	23835	946
2008	10069	785
2007	9947	697
2006	25210	747
2005	12806	722
2004	18482	722

> *„The actual extent of these redistributions will depend on market forces, available adaptation options for vineyards, and continued popularity of wine with consumers."*

Die Marktgegebenheiten, vorhandene Adaptionsmöglichkeiten an den Klimawandel und die zukünftige Popularität von Wein unter Konsumenten seien demnach entscheidend für das Ausmaß der prognostizierten Verschiebung. Diese drei Einflüsse werden innerhalb dieses Kapitels am Beispiel England betrachtet, wodurch ein Erkenntnisgewinn hinsichtlich der Zukunftsaussichten der englischen Weinindustrie gewonnen werden soll.

5.1 Adaptionsmöglichkeiten der Weingüter

Betrachtet man die im Anhang B2 angefügte Karte, welche die zukünftige Entwicklung des Huglin-Index in Europa darstellt, fällt der Südosten Englands auf als Region, in welcher sich aus klimatischer Sicht innerhalb der nächsten 40 Jahre deutlich günstigere Bedingungen für Weinbau ergeben werden. Für die Jahre 2041 – 2050 weist die Abbildung für Südengland einen Bereich des Huglin-Index aus, welcher in etwa dem der Region Champagne von heute entspricht, während für den Zeitraum 1961 – 1990 England nicht einmal am unteren Ende der Skala eingestuft wurde (EITZINGER ET AL. 2009 : 215). Während die Aussichten der Temperaturveränderungen also positiv erscheinen, bleiben Risikofaktoren, welche den englischen Weinbau seit jeher limitieren voraussichtlich vorerst bestehen. Zu nennen sind hier das Risiko für Spätfrost und die Beeinträchtigung der Beeren und Blüten aufgrund von ungleich-mäßigem starkem Niederschlag (NESBITT ET AL. 2016 : 334).

Dennoch kann der rapide Anstieg der Anbaufläche seit 2004 zumindest teilweise dem Temperaturan-stieg zugerechnet werden, durch welchen einige Regionen Englands und Wales mittlerweile eine durch-schnittliche Temperatur während der Vegetationsperiode von 13 – 15°C aufweisen. Der Anbau auf neuen Flächen als Adaptionsmaßnahme wird demnach schon eingesetzt und scheint als Möglichkeit zur Verfügung zu stehen (NESBITT et al. 2016 : 333). NESBITT ET AL. berechneten eine Gesamtfläche von 1,4 Millionen Hektar, welche sich zukünftig aufgrund ihrer klimatischen Gegebenheiten für Weinbau anböten (Harper Wine & Spirit 2016). Der renommierte französische Champagnerproduzent Taittinger hat erst kürzlich Flächen im Westen Canterburys zum Anbau von Schaumweinsorten erworben (POUL-TER 2015). Schon jetzt spiegelt sich die globale Erwärmung auch zum Teil an den angebauten Rebsorten wieder. Mit einem aktuellen Anteil von über 60 % der Anbaufläche werden zunehmend klassische Schaumweine wie Chardonnay (ca. 518 ha) und Pinot Noir (ca. 483 ha) angebaut (Food Standards Agency, 2017). Diese Sorten benötigen, im Vergleich zu den ansonsten in England angebauten Weiß-weinsorten wie Bacchus, Seyval Blanc, Reichensteiner und Müller-Thurgau, leicht wärmere Tempera-turen. Ein Wechsel der Rebsorten ist als typische Adaptionsmaßnahme demnach zu beobachten auch wenn sich der Trend zum Anbau von Schaumweinsorten nicht ausschließlich durch wärmeren Tempe-raturen erklären lässt sondern auch diversen Marktmechanismen unterliegt.

5.2 Einfluss von Marktmechanismen

Die Weinindustrie ist als Teil des Agrarsektors in globale Vorgänge eingebunden, was bedeutet, dass der Anbau vom globalen Preis- und Qualitätswettbewerb beeinflusst wird (BATTAGLINI et al. 2008 : 1). Der Weinmarkt reagiert preissensibel und sowohl die Herkunft als auch die genutzte Rebsorte ist bei Wein in der Regel von besonderer Bedeutung (FELZENSTEIN & DINNIE 2006 : 115). England ist daher als eine der größten Weinimportnationen weltweit, bei vergleichsweise kaum vorhandenem Weinbau (RITCHIE 2007 : 1) in komplexe Marktmechanismen eingebunden. Damit sich einheimischer Wein auf dem lokalen als auch internationalen Markt etablieren kann muss er diesem Wettbewerb standhalten.

Die aktuell in England üblichen kleinen Produktionsmengen lassen jedoch eine flexible Preisgestaltung vonseiten der englischen Produzenten kaum zu. Da die Preise für Schaumweine jedoch generell hoch sind und sich an eine kleine wohlhabende Zielgruppe richten gelten englische Schaumweine, auch aufgrund guter Qualität, zunehmend als wettbewerbstauglich (THOMAS, 2007). Durch ein schlechteres Preis-Leistungs-Verhältnis sieht die Bilanz bei klassischen Tafelweinen jedoch anders aus. Die Preise liegen hier aktuell noch weit über den Konkurrenzprodukten aus dem Ausland (SHAMASh 2010).

5.3   Rolle des Konsumenten

Der Weinkonsum im Vereinigten Königreich hat sich, im Gegensatz zu gegenläufigen Trends im restlichen Europa, zwischen den Jahren 1984 bis 2004 mehr als verdoppelt. Im Jahre 2007 konsumierten damit 61 % der britischen Bevölkerung regelmäßig Wein, wodurch dieser mittlerweile als etablierter Teil des Lebensstils vieler Briten gesehen werden kann (RITCHIE, 2007 : 534). Gründe für den Anstieg des Weinkonsums sieht RITCHIE in der leichten Zugänglichkeit durch den Verkauf in Supermärkten, niedrigen Preisen und einem guten Image, unter anderem verliehen durch medizinische Erkenntnisse. Auch das 1990 eingeführte Rauchverbot und die Lockerung der Sperrstunde hat seinen Teil dazu beigetragen Wein in der Bar-Szene zu etablieren und damit als weitverbreitetes Getränk zu Mahlzeiten gesellschaftsfähiger zu machen (RITCHIE 2007, : 537). Auch wenn diese Entwicklungen sich positiv auf den englischen Weinbau ausgewirkt haben dürften beträgt der Marktanteil englischen Weins in Großbritannien bisher lediglich etwa 0,3 %, was CLOUT (2013 : 14) auch auf die Konsumpräferenzen der Briten zurückführt. Diese bevorzugen zum Großteil günstige Weine von andere Erdteile wie Australien, Südafrika oder Argentinien, der sogenannten „New World", gegenüber dem englischen „Tafelwein" (FELZENSZTEIN & DINNIE, 2006 : 115). CLOUT (2013 : 14) nimmt darüber hinaus an, dass sich englische Tafelweine niemals mit ausländischen Konkurrenzprodukten dieses Marktsegmentes messen würden können. Es bedürfe schon bei Schaumweinen konsistente Anstrengungen, um die Käufer zu überzeugen, dass die besten englischen Produkte mittlerweile eine ähnliche Qualität aufweisen wie die Konkurrenz aus Frankreich.

6   Fazit

Die vorliegende Arbeit vermittelte einen Überblick über das Themenfeld „Klimawandel und Weinbau",
wenn auch eine detaillierte Betrachtung aller Aspekte im Rahmen dieser Hausarbeit nicht möglich war.
Aufgrund ihrer Vulnerabilität insbesondere hinsichtlich Temperaturveränderung beobachtet die Weinindustrie Klimaveränderung äußerst genau und es wird davon ausgegangen, dass sowohl Verlierer aus
auch Gewinner aus dieser Entwicklung hervorgehen werden. Während in den nördlichen Breitengraden
der Weinbau durch bessere Qualität und Erträge profitiert, stehen Winzer beispielsweise im südlichen
Europa schon jetzt vor nicht zu unterschätzenden Herausforderungen. Eine geographische Verschiebung
der Weinbauaktivitäten in Richtung der Pole, als auch in höhere Lagen, gilt als mögliche Konsequenz
der globalen Erwärmung. Das Fallbeispiel England sollte dabei verdeutlichen, dass dieser Prozess zwar
durch Temperaturveränderungen ermöglicht und begünstigt wird, die alleinige Existenz neuer potenti-
eller Anbauflächen jedoch nicht zwangsläufig zur Bewirtschaftung dieser führt. Marktmechanismen und
die Präferenzen der Konsumenten spielen eine wichtige Rolle und erst durch ein Zusammenspiel dieser
Faktoren wird die Verschiebung der Weinbaugrenze ermöglicht.

Interessant ist darüber hinaus, welche sozialen Auswirkungen die Folge einer solchen Entwicklung sein
könnten. Die Frage inwiefern sich Konsummuster, egal ob in England oder in anderen Regionen, aufgrund der sich ändernden Qualität der Weine verändern werden, schließt den Kreis der „Mensch-Umwelt-Beziehungen", welche letztendlich auf der Annahme von Wechselwirkungen beruht. Hier ergeben
sich zukünftig eventuell interessante Forschungsfragen die in der aktuellen Forschung zu Weinbau und
Klimawandel kaum beantwortet wurden.

A Literaturverzeichnis

Ashenfelter, O., Storchmann, K., 2010. Measuring the Economic Effect of Global Warming on Viticulture Using Auction, Retail, and Wholesale Prices. Rev Ind Organ 37, 51–64. doi:10.1007/s11151-010-9256-6

Battaglini, A., Barbeau, G., Bindi, M., Badeck, F.-W., 2009. European winegrowers' perceptions of climate change impact and options for adaptation. Reg Environ Change 9, 61–73. doi:10.1007/s10113-008-0053-9

Burns, S., 2012. The Importance of Soil and Geology in Tasting Terroir with a Case History from the Willamette Valley, Oregon, in: Dougherty, P.H. (Ed.), The Geography of Wine. Springer Netherlands, Dordrecht, pp. 95–108. doi:10.1007/978-94-007-0464-0_6

Chuine, I., Yiou, P., Viovy, N., Seguin, B., Daux, V., Ladurie, E.L.R., 2004. Historical phenology: Grape ripening as a past climate indicator. Nature 432, 289–290. doi:10.1038/432289a

Clout, H., 2013. An Overview of the Fluctuating Fortunes of Viticulture in England and Wales. EchoGéo. doi:10.4000/echogeo.13333

Dougherty, P.H., 2012a. Introduction to the Geographical Study of Viticulture and Wine Production, in: Dougherty, P.H. (Ed.), The Geography of Wine. Springer Netherlands, Dordrecht, pp. 3–36. doi:10.1007/978-94-007-0464-0_1

Dougherty, P.H. (Hrsg.), 2012b. The geography of wine. Springer, Dordrecht u.a.

DWD, 2017. Huglin-Index https://www.dwd.de/DE/leistungen/deutscherklimaatlas/erlaeuterungen/elemente/_functions/faqkarussel/huglin.html (zuletzt aufgerufen am 12.05.17).

Eitzinger, J., Kersebaum, K.C., Formayer, H., 2009. Landwirtschaft im Klimawandel, 1. Aufl. ed. Agrimedia, Clenze.

Essl, F., Rabitsch, W. (Eds.), 2013. Biodiversität und Klimawandel. Springer Spektrum, Berlin.

Felzensztein, C., Dinnie, K., 2006. The Effects of Country of Origin on UK Consumers' Perceptions of Imported Wines. Journal of Food Products Marketing 11, 109–117. doi:10.1300/J038v11n04_08

Food Standards Agency, 2017. UK Vineyard Register I Food Standards Agency. https://www.food.gov.uk/business-industry/winestandards/ukvineyards (zuletzt aufgerufen am 20.05.17).

Galbreath, J., 2011. To What Extent is Business Responding to Climate Change? Evidence from a Global Wine Producer. Journal of Business Ethics 104, 421–432. doi:10.1007/s10551-011-0919-5

Gladstones, J., 2007. Wine, Terroir and Climate Change. Wakefield Press, Adelaide.

Hannah, L., Roehrdanz, P.R., Ikegami, M., Shepard, A.V., Shaw, M.R., Tabor, G., Zhi, L., Marquet, P.A., Hijmans, R.J., 2013. Climate change, wine, and conservation. Proceedings of the National Academy of Sciences of the United States of America 110, 6907–6912. doi:10.1073/pnas.1210127110

Harper Wine & Spirit, 2016. Mapping 1.4 Million a of Potential Uk Vineyard Sites. Harpers Wine & Spirit. (zuletzt aufgerufen am 20.05.17

Huglin, P., 1986. Biologie et écologie de la vigne. Payot ; Lavoisier, Lausanne : Paris.

IPCC (2007), Climate change 2007. The physical science basis; contribution of Working Group I to the Fourth Assessment Report of the Intergovernmental Panel on Climate Change. (2007) (1st published.). New York: UNEP. Verfügbar unter http://www.loc.gov/catdir/enhancements/fy0806/2007282362-d.html

Isabel Bardaji, Belen Iraizoz, 2015. Uneven responses to climate and market influencing the geography of high-quality wine production in Europe. Reg Environ Change 15, 79–92. doi:10.1007/s10113-014-0623-y

Jones, G.V., Reid, R., Vilks, A., 2012. Climate, Grapes, and Wine: Structure and Suitability in a Variable and Changin Climate, in: The Geography of Wine. pp. 109–133.

Jones, G.V., White, M.A., Cooper, O.R., Storchmann, K., 2005. Climate Change and Global Wine Quality. Climatic Change; Dordrecht 73, 319–343. doi:http://dx.doi.org/10.1007/s10584-005-4704-2

Lamb, H., 1994. Klima und Kulturgeschichte: der Einfluß des Wetters auf den Gang der Geschichte, Leicht gekürzte Fassung, 5.-6. Tsd. ed, Rowohlts Enzyklopädie Kulturen und Ideen. Rowohlt-Taschenbuch-Verl, Reinbek bei Hamburg.

Marx, W., Haunschild, R., Bornmann, L., 2017. Climate change and viticulture - a quantitative analysis of a highly dynamic research field. VITIS - Journal of Grapevine Research 56, 35–43.

Metzger, M.J., Rounsevell, M.D.A., n.d. A need for planned adaptation to climate change in the wine industry. Environ. Res. Lett. 6, 31001. doi:10.1088/1748-9326/6/3/031001

Ministerium für Umwelt, Energie, Ernährung und Forsten Rheinland Pfalz, 2017. Huglin-Index [WWW Document]. URL http://www.kwis-rlp.de/index.php?id=10633 (accessed 5.13.17).

Moriondo, M., Bindi, M., Fagarazzi, C., Ferrise, R., Trombi, G., 2011. Framework for high-resolution climate change impact assessment on grapevines at a regional scale. Regional Environmental Change 11, 553–567. doi:10.1007/s10113-010-0171-z

Nesbitt, A., Kemp, B., Steele, C., Lovett, A., Dorling, S., 2016. Impact of recent climate change and weather variability on the viability of UK viticulture – combining weather and climate records with producers' perspectives. Australian Journal of Grape and Wine Research 22, 324–335. doi:10.1111/ajgw.12215

Pachauri, R.K., Mayer, L., IPCC (Eds.), 2015. Climate change 2014: synthesis report. Intergovernmental Panel on Climate Change, Geneva, Switzerland.

Pfister, C., 1988. Variations in the spring-summer climate of central europe from the high middle ages to 1850, in: Wanner, H., Siegenthaler, U. (Eds.), Long and Short Term Variability of Climate. Springer-Verlag, Berlin/Heidelberg, pp. 57–82. doi:10.1007/BFb0046590

Potsdam Institut für Klimafolgenforschung, 2007. Perspektiven der Klimaänderung bis 2050 für den Weinbau in Deutschland (Klima 2050), Schlußbericht zum FDW-Vorhaben Klima 2015 (No. 106), PIK Report, Potsdam.

Prettenthaler, F., Formayer, H., Bonnardot, V. (Eds.), 2013. Weinbau und Klimawandel: erste Analysen aus Österreich und führenden internationalen Weinbaugebieten, 1. Aufl. ed, Studien zum Klimawandel in Österreich. Verlag der österreichischen Akademie der Wissenschaften, Wien.

Priewe, J., 2017. Der Weltrebengürtel, weinkenner.de. http://www.weinkenner.de/weinschule/der-weinbau/der-weltrebenguertel/ (zuletzt aufgerufen am 13.05.17).

Ritchie, C., 2007. Beyond drinking: the role of wine in the life of the UK consumer. International Journal of Consumer Studies 31, 534–540. doi:10.1111/j.1470-6431.2007.00610.x

Kovats R.S., R. Valentini, L.M. Bouwer, E. Georgopoulou, D. Jacob, E. Martin, M. Rounsevell, and J.-F. Soussana, 2014: Europe. In: Climate Change 2014: Impacts, Adaptation, and Vulnerability. Part B: Regional Aspects. Contribution of Working Group II to the Fifth Assessment Report of the Intergovernmental Panel on Climate Change [Barros, V.R., C.B. Field, D.J. Dokken, M.D. Mastrandrea, K.J. Mach, T.E. Bilir, M. Chatterjee, K.L. Ebi, Y.O. Estrada, R.C. Genova, B. Girma, E.S. Kissel, A.N. Levy, S. MacCracken, P.R. Mastrandrea, and L.L.White (eds.)]. Cambridge University Press, Cambridge, United Kingdom and New York, NY, USA, pp. 1267-1326.

Schultz, H.R., Hoppman, D., Hofmann, M., 2005. Der Einfluss klimatischer Veränderungen auf die phänologische Entwicklung der Rebe, die Sorteneignung sowie Mostgewicht und Säurestruktur der Trauben, Beitrag zum Integrierten Klimaschutzprogramm des Landes Hessen (InKlim 2012) des Fachgebiets Weinbau der Forschungsanstalt Geisenheim.

Schultz, H.R., Jones, G.V., 2010. Climate Induced Historic and Future Changes in Viticulture. Journal of Wine Research 21, 137–145. doi:10.1080/09571264.2010.530098

Poulter, 2015. Lovely bubbly! French champagne giant is to make sparkling wine in England. Daily Mail. http://se-arch.ebscohost.com/login.aspx?direct=true&db=bwh&AN=111473854&site=eds-live, (zuletzt aufgerufen am 20.05.2017)

Shamash, 2010. England turns to wine production [WWW Document]. Horticulture Week. URL http://www.hort-week.com/england-turns-wine-production/fresh-produce/article/1014810 (zuletzt aufgerufen am 20.05.2017).

Storchmann, K., 2013. Weinbau und Klimawandel: Ökonomische Aspekte, in: Weinbau Und Klimawandel: Erste Analysen Aus Österreich Und Führenden Internationalen Weinbaugebieten, Studien Zum Klimawandel in Öster-reich.

Thomas, G., 2007. Schaumwein in England: Mehr Winzerwitze, please!. FAZ.NET. URL http://www.faz.net/1.459217 (zuletzt aufgerufen am 21.05.17).

Unwin, T., 2012. Terroir: At the Heart of Geography, in: Dougherty, P.H. (Ed.), The Geography of Wine. Springer Netherlands, Dordrecht, pp. 37–48. doi:10.1007/978-94-007-0464-0_2

White, M.A., Whalen, P., Jones, G.V., 2009. Land and wine. Nature Geoscience 2, 82–84. doi:10.1038/ngeo429

Wirth, E., 1964. Vom Nutzen und Nachteil eines weingeographischen Handbuchs für Weintrinker und Geographen. Mitteilungen der Fränkischen Geographischen Gesellschaft Band 11/12, 428–437.

Wissenschaftliche Dienste des Deutschen Bundestages, 2016. Auswirkungen der Klimavariabilität auf den Weinbau in Deutschland. https://www.bundestag.de/blob/408234/0bf1163f9d6e1b82392498354e711471/wd-5-040-16-pdf-data.pdf (zuletzt aufgerufen am 12.05.17).

B Anhang

B1:   Formel Huglin Index mit Legende (PIK 2013 : 92)

$$H := \sum_{t=01.apr}^{30.sep} K(x_{Lat}) \cdot \frac{\left(T_{mit}(t) - 10°C\right) + \left(T_{max}(t) - 10°C\right)}{2}$$

mit x_{Lat} Geographische Breite [°NB oder °SB]

$K(x_{Lat})$ Breitengradabhängiger Korrekturfaktor [÷] folgender Form:

$$K(x_{Lat}) := \begin{cases} 1.02 & |x_{Lat}| \leq 40° \\ 1.02 + 0.04 * \dfrac{x_{Lat} - 40°}{10°} & 40° < |x_{Lat}| < 50° \\ 1.06 & |x_{Lat}| \geq 50° \end{cases}$$

$T_{mit}(t)$ Tagesmittel (Tmit) der Lufttemperatur [°C]

$T_{max}(t)$ Tagesmaximum (Tmax) der Lufttemperatur [°C]

B2:   Entwicklung des Huglin Index für Wein in Europa für verschiedene Zeiträume von 1901 – 2080
        (EITZINGER ET AL. 2009 : 211)

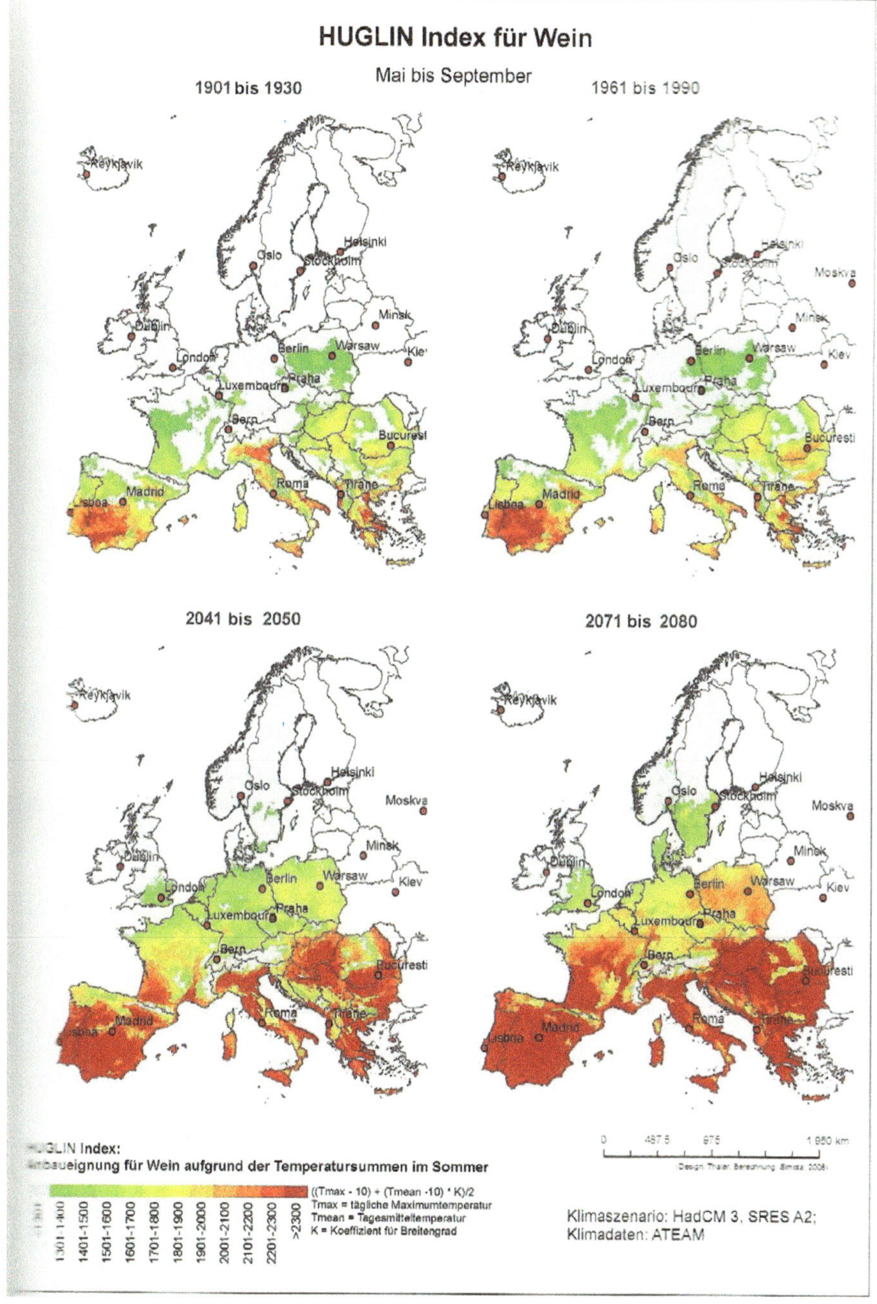